KB091549

성냥개비
퍼즐

모양 바꾸기

| 도형 |

성냥개비를 움직여 **모양**을 바꾸어 봐요!

모양을 바꾸는 방법 | 도형 |

성냥개비 3개를 움직여 왼쪽을 바라보고 있는 물고기가 오른쪽을 바라보도록 모양을 바꾸었습니다. 성냥개비를 움직인 방법을 설명해 보세요.

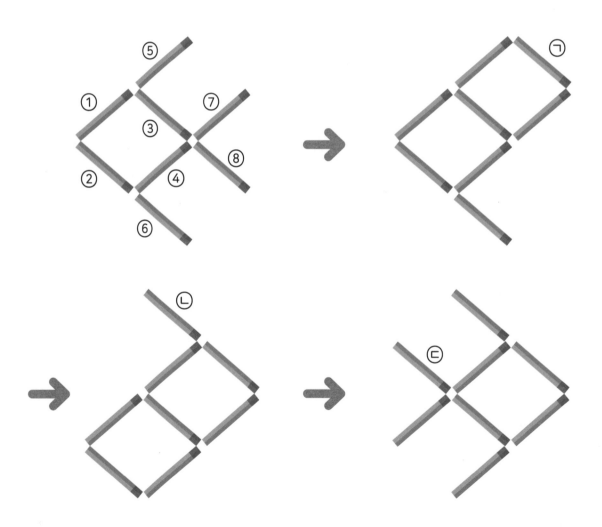

⊙ 먼저 물고기의 머리 부분을 어디로 할지 생각해

[ ] 번 성냥개비를 ㉠의 위치로 옮깁니다.

⊙ 물고기의 머리를 기준으로 지느러미가 놓일 곳을 생각해

[ ] 번 성냥개비를 ㉡의 위치로 옮깁니다.

⊙ 마지막으로 물고기의 꼬리가 놓일 곳을 생각해

[ ] 번 성냥개비를 ㉢의 위치로 옮깁니다.

→ 움직인 성냥개비는 [ ], [ ], [ ] 번이고,

움직이지 않은 성냥개비는 [ ], [ ], [ ], [ ],

[ ] 번입니다.

집 모양 바꾸기 | 도형 |

성냥개비 1개를 움직여 집이 2개가 되도록 만들어 보세요.

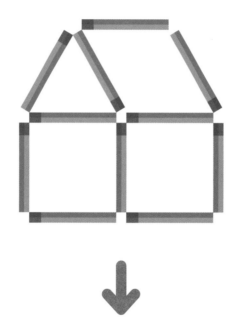

성냥개비 2개를 움직여 집의 방향을 바꾸어 보세요.

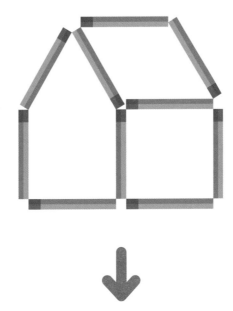

03 의자 모양 바꾸기 | 도형 |

성냥개비 2개를 움직여 왼쪽을 바라보는 의자를 만들어 보세요.

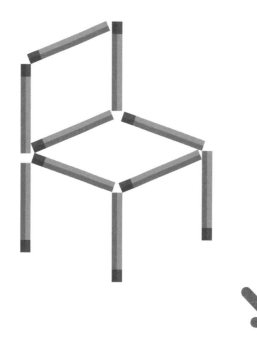

성냥개비 2개를 움직여 똑바로 놓인 의자를 만들어 보세요.

(단, 여러 가지 답이 나올 수 있습니다.)

정답 ▶ 87쪽

04 컵 모양 바꾸기 | 도형 |

성냥개비 2개를 움직여 컵 안의 딸기를 바깥으로 꺼내 보세요.

(단, 컵의 모양은 똑같아야 합니다.)

성냥개비 4개를 움직여 2개의 컵 안에 각각 딸기가 1개씩 놓이도록 만들어 보세요. (단, 컵의 모양은 똑같아야 합니다.)

정답 ▶ 87쪽

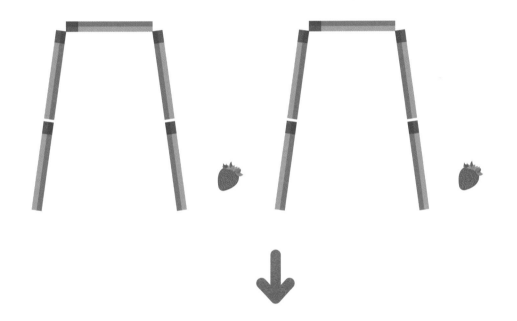

성냥개비 수

| 수와 연산 |

성냥개비로 **수**를 만들어 봐요!

01 성냥개비 숫자 | 수와 연산 |

아래와 같은 모양의 0부터 9까지의 디지털 숫자를 성냥개비로 만들려고 합니다. 표의 빈칸을 알맞게 채워 보세요.

숫자	0	1	8	3	4
성냥개비의 개수	6		5		4
숫자	5	0	7	8	9
성냥개비의 개수		6		7	6

수의 크기를 비교할 때에는 '>, <'를 이용해 나타내고, 크기가 같을 때에는 '='를 이용해 나타내요.

주어진 개수의 성냥개비를 모두 사용해 알맞은 식을 만들어 보세요.

◉ 성냥개비 5개

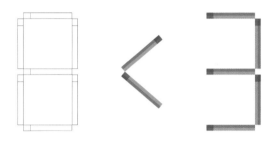

◉ 성냥개비 6개

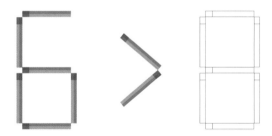

◉ 성냥개비 7개

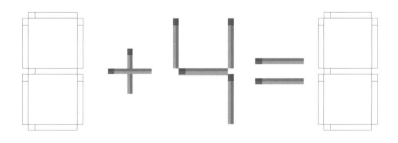

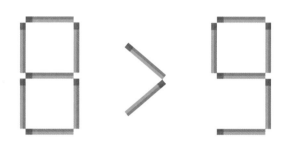

Unit 02

수의 크기 비교 | 수와 연산 |

왼쪽 숫자의 성냥개비 1개를 오른쪽 숫자로 움직여 올바른 식을 만들고, 식을 써 보세요.

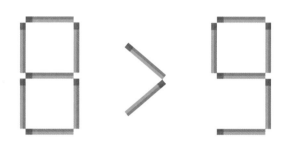

→ _____

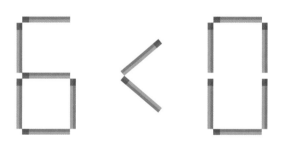

→ _____

수의 크고 작음을 비교하는 기호 ‘>, <’를 부등호라고 해요.

→ _____

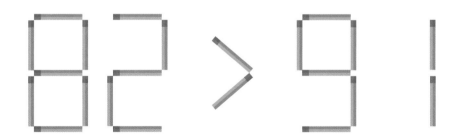

→ _____

정답 ❯❯ 88쪽

03 크기가 같은 수 | 수와 연산 |

성냥개비 1개를 움직여 올바른 식을 두 가지 만들고, 식을 써 보세요.

→ _____ , _____

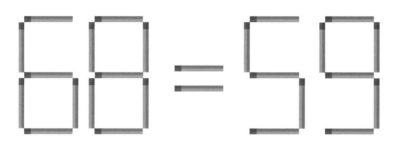

→ _____ , _____

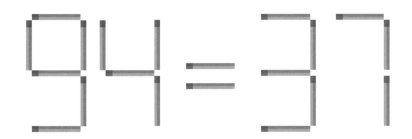

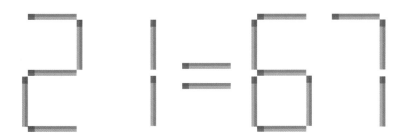

안쌤 Tip

두 수가 같음을 의미하는 기호 '='를
등호라고 해요.

성냥개비 2개를 움직여 올바른 식을 두 가지 만들고, 식을 써 보세요.

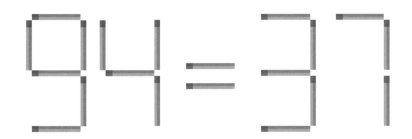

→ _____ , _____

Unit
02

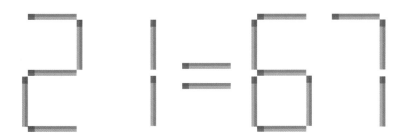

→ _____ , _____

정답 ≫ 89쪽

가장 큰 수 | 수와 연산 |

성냥개비를 1개 움직여 만들 수 있는 가장 큰 수를 만들고, 그 수를 써 보세요.

→ _____

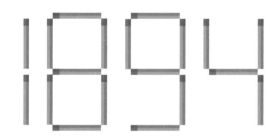

→ _____

안쌤 Tip

성냥개비를 2개 이상 움직이면 주어진 수의
자리 수를 바꿀 수 있어요.

성냥개비를 2개 움직여 만들 수 있는 가장 큰 수를 만들고, 그 수를 써
보세요.

→ _____

→ _____

정답 ≫ 89쪽

03

덧셈과 뺄셈

| 수와 연산 |

성냥개비로 **올바른 식**을 만들어 봐요!

덧셈과 뺄셈 | 수와 연산 |

성냥개비로 만든 숫자 세 개를 한 번씩만 사용해 알맞은 식을 완성해 보세요. (단, 여러 가지 답이 나올 수 있습니다.)

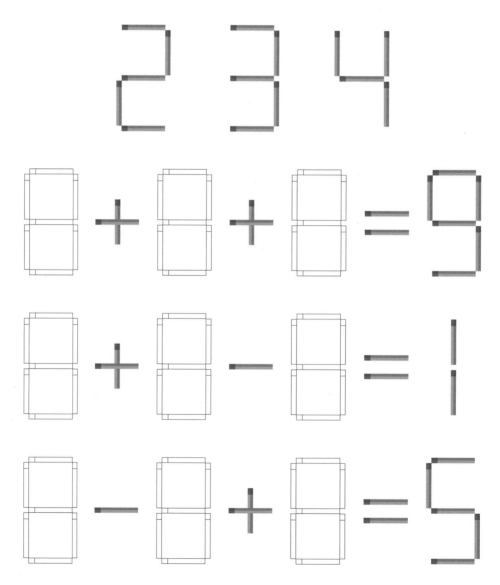

성냥개비로 만든 식이 덧셈식이면 뺄셈식으로, 뺄셈식이면 덧셈식으로
나타내어 보세요. (단, 식을 이루고 있는 세 수를 이용합니다.)

정답 ≫ 90쪽

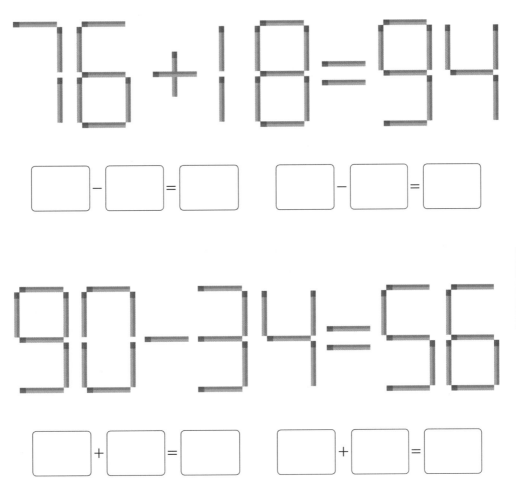

$$76+18=94$$

$$\boxed{} - \boxed{} = \boxed{} \qquad \boxed{} - \boxed{} = \boxed{}$$

$$90-34=56$$

$$\boxed{} + \boxed{} = \boxed{} \qquad \boxed{} + \boxed{} = \boxed{}$$

Unit
03

02 올바른 식 만들기 ① | 수와 연산 |

성냥개비 1개를 움직여 올바른 식을 만들고, 식을 써 보세요.

(단, 여러 가지 답이 나올 수 있습니다.)

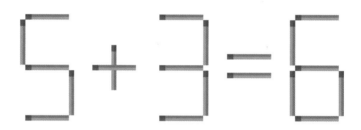

→

→

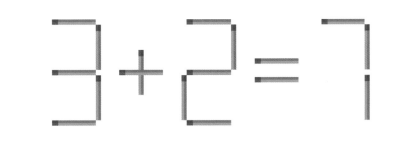

→ _____

→ _____

정답 ≫ 90쪽

03 올바른 식 만들기 ② | 수와 연산 |

성냥개비 1개를 움직여 올바른 식을 만들고, 식을 써 보세요.

$$8 + 5 - 6 = 4$$

 _____

$$9 - 7 + 1 = 8$$

_____

$$5+5+4=5$$

→ _____

$$9-2-6=7$$

→ _____

정답 ⟫ 91쪽

Unit
03

올바른 식 만들기 ③ | 수와 연산 |

성냥개비 1개를 움직여 올바른 식을 만들고, 식을 써 보세요.

$$37+36=12$$

 _____

$$83-34=55$$

 _____

성냥개비 1개를 움직여 합이 172가 되도록 만들고, 식을 써 보세요.

→ _____

성냥개비 1개를 움직여 차가 466이 되도록 만들고, 식을 써 보세요.

→ _____

Unit
03

Unit

04

성냥개비 미로

| 문제 해결 |

성냥개비 **미로**를 만들고, 길을 찾아봐요!

미로 찾기 | 문제 해결 |

다음은 성냥개비로 만든 미로입니다. 미로에 길을 표시해 보세요.

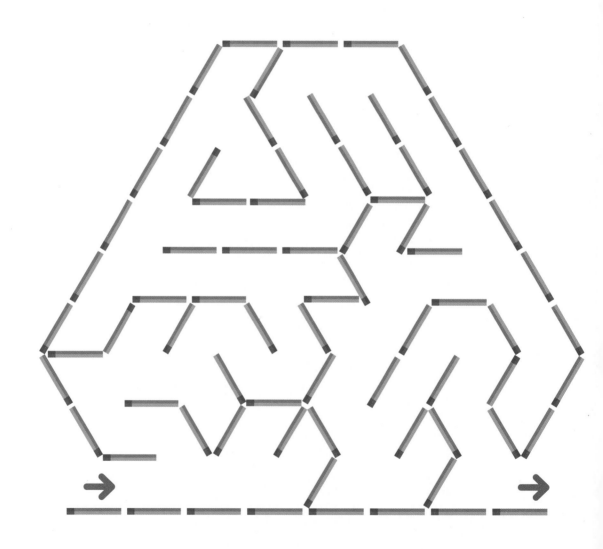

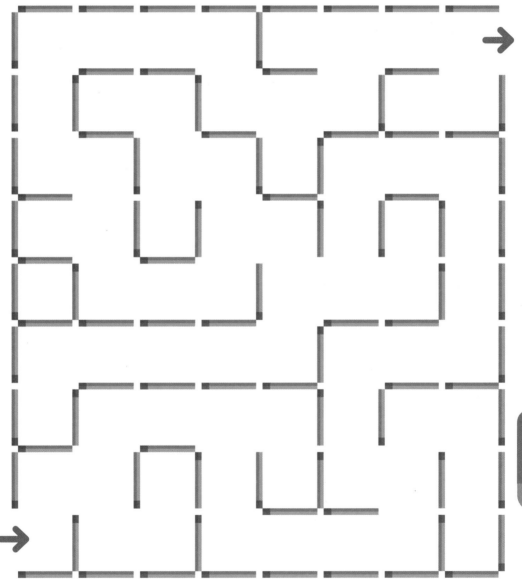

미로 만들기 ① | 문제 해결 |

성냥개비 1개를 빼서 사과를 찾을 수 있는 미로를 만들고, 미로에 길을 표시해 보세요. (단, 테두리에 놓인 성냥개비 ▬▬▬▬ 는 움직일 수 없습니다.)

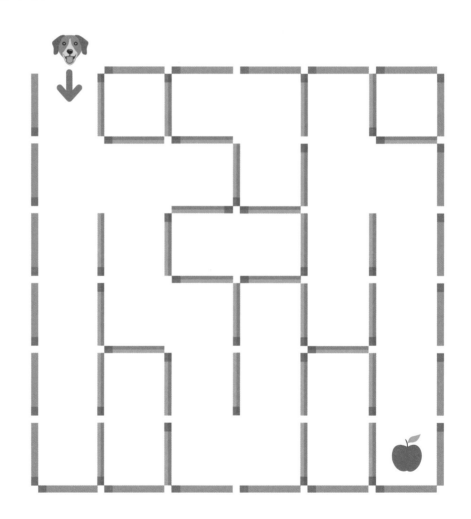

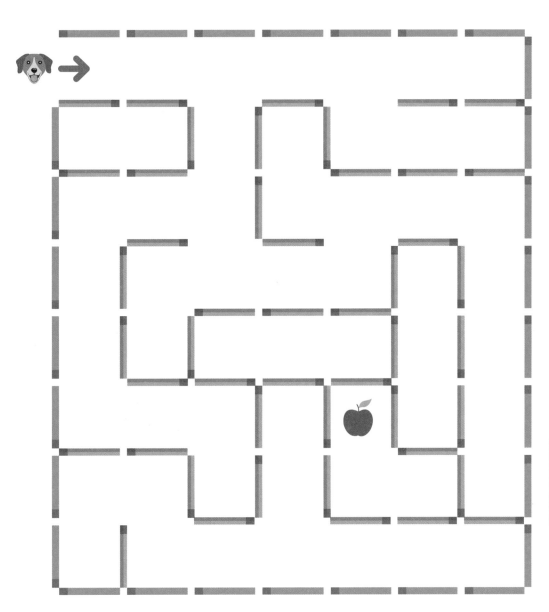

정답 》 92쪽

미로 만들기 ② | 문제 해결 |

성냥개비 2개를 빼서 바나나를 찾을 수 있는 미로를 만들고, 미로에 길을 표시해 보세요. (단, 테두리에 놓인 성냥개비 ▬▬▬ 는 움직일 수 없습니다.)

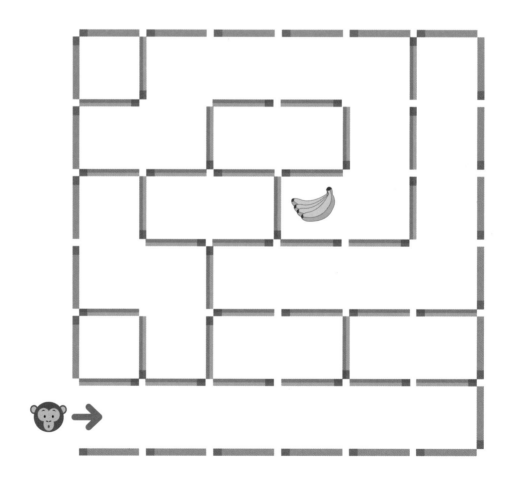

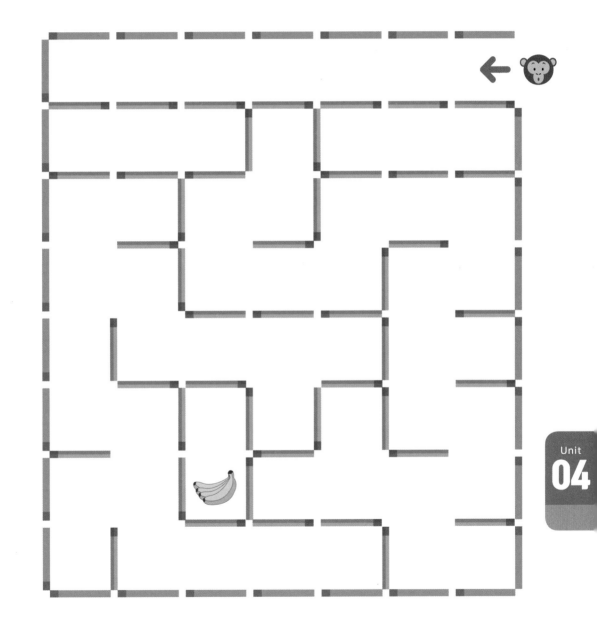

정답 》 93쪽

04 미로 만들기 ③ | 문제 해결 |

성냥개비 3개를 빼서 복숭아를 찾을 수 있는 미로를 만들고, 미로에 길을 표시해 보세요. (단, 테두리에 놓인 성냥개비 ▬▬▬는 움직일 수 없습니다.)

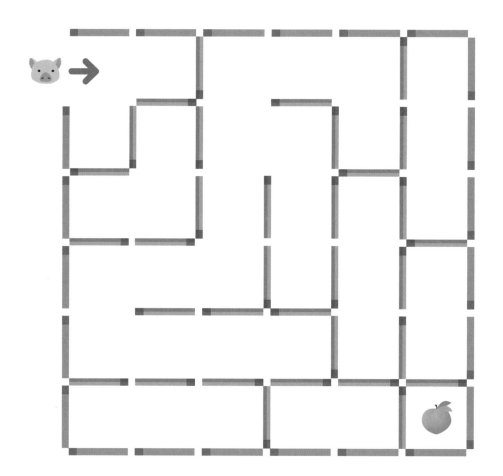

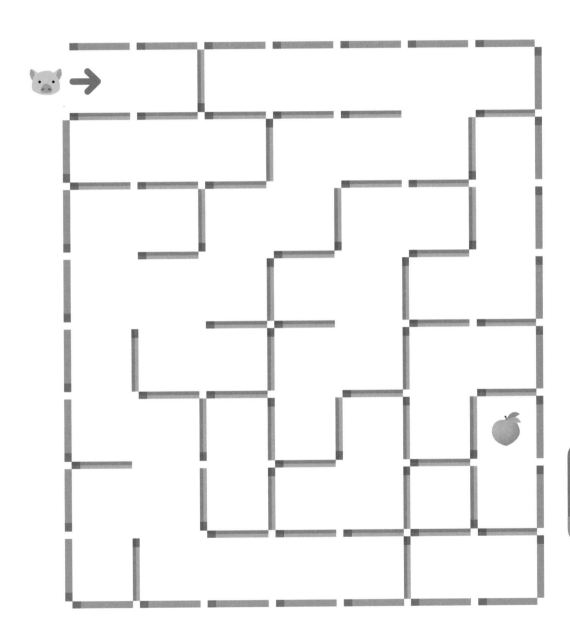

로마수

| 수와 연산 |

로마수로 **올바른 식**을 만들어 봐요!

Unit 5 **01** **로마수와 식**

Unit 5 **02** **올바른 식 만들기 ①**

Unit 5 **03** **올바른 식 만들기 ②**

Unit 5 **04** **올바른 식 만들기 ③**

로마수와 식 | 수와 연산 |

로마수는 다음과 같은 7개의 기본 기호를 여러 개 나열해 수를 나타냅니다.

기호	I	V	X	L	C	D	M
수	1	5	10	50	100	500	1000

성냥개비로 만든 로마수의 값을 빈칸에 써넣어 보세요.

II	2	III

IV 4   VI

XX   XL

로마수는 보통 큰 수부터 왼쪽에 쓰고 모두 합해 읽어요. 단, 작은 수가 왼쪽에 있을 때에는 큰 수에서 작은 수를 빼면 돼요.

로마 식의 계산 값을 로마수로 나타내 보세요.

정답 ≫ 94쪽

올바른 식 만들기 ① | 수와 연산 |

성냥개비 1개를 더해서 올바른 식을 만들고, 로마수로 식을 써 보세요.

X + V = XIV

→ _____

XII - III = XV

→ _____

성냥개비 1개를 빼서 올바른 식을 만들고, 로마수로 식을 써 보세요.

VI + V = I

→ _____

XII − III = VIII

→ _____

올바른 식 만들기 ② | 수와 연산 |

성냥개비 1개를 움직여 올바른 식을 만들고, 로마수로 식을 써 보세요.

(단, 여러 가지 답이 나올 수 있습니다.)

X + I = XIII

 _____

VI + V = VI

 _____

$$X - II = III$$

→ _____

$$VIII - IX = I$$

→ _____

정답 >> 95쪽

Unit
05

04 올바른 식 만들기 ③ | 수와 연산 |

성냥개비 1개를 움직여 올바른 식을 만들고, 로마수로 식을 써 보세요.

$$I + II + III = IV$$

→ _____

$$IV + II - I = III$$

→ _____

$$I = III - II + IV$$

→ _____

$$IV = III - II - I$$

→ _____

Unit
05

05 **로마수** 53

모양 만들기

| 도형 |

성냥개비로 **여러 가지 모양**을 만들어 봐요!

01 성냥개비로 만든 모양 | 도형 |

성냥개비로 만든 정삼각형의 개수를 써넣어 보세요.

⬜ 개　　　　⬜ 개

성냥개비로 만든 정사각형의 개수를 써넣어 보세요.

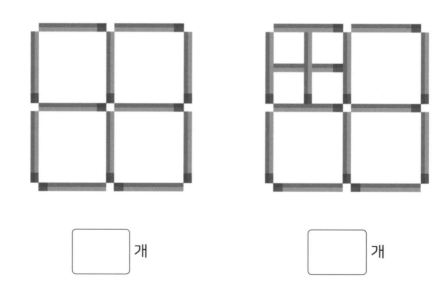

⬜ 개　　　　⬜ 개

성냥개비 1개를 더해서 크기와 모양이 같은 도형 2개로 나누어 보세요.

정답 》 96쪽

성냥개비 2개를 더해서 크기와 모양이 같은 도형 6개로 나누어 보세요.

정삼각형 만들기 | 도형 |

성냥개비 3개를 움직여 크고 작은 정삼각형 4개를 만들어 보세요.

(단, 여러 가지 답이 나올 수 있습니다.)

성냥개비 2개를 움직여 크고 작은 정삼각형 7개를 만들어 보세요.

(단, 여러 가지 답이 나올 수 있습니다.)

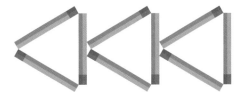

정답 ≫ 96쪽

정사각형 만들기 | 도형 |

성냥개비 2개를 움직여 크고 작은 정사각형 6개를 만들어 보세요.

(단, 여러 가지 답이 나올 수 있습니다.)

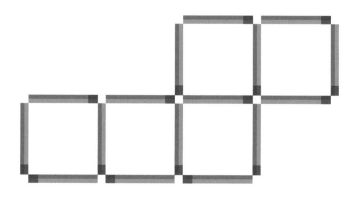

성냥개비 6개를 움직여 크고 작은 정사각형 5개를 만들어 보세요.

(단, 여러 가지 답이 나올 수 있습니다.)

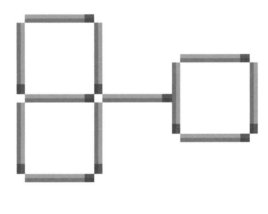

정답 >> 97쪽

성냥개비 3개를 더해서 ♥를 하나씩 포함하는 크기와 모양이 같은 도형 2개로 나누어 보세요. (단, ♥는 움직일 수 없습니다.)

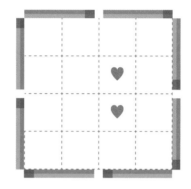

성냥개비 5개를 더해서 ♣를 하나씩 포함하는 크기와 모양이 같은 도형 3개로 나누어 보세요. (단, ♣는 움직일 수 없습니다.)

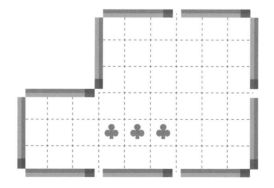

안쌤 Tip

큰 정사각형을 크기와 모양이 같은 여러 개의
작은 정사각형으로 나눈 후 찾으면 돼요.

성냥개비 12개를 더해서 ★을 하나씩 포함하는 크기와 모양이 같은 도형 4개로 나누어 보세요. (단, ★은 움직일 수 없습니다.)

정답 ▶ 97쪽

Unit

07

곱셈

| 수와 연산 |

성냥개비로 **올바른 식**을 만들어 봐요!

01 (몇십몇)×(몇) | 수와 연산 |

두 수의 곱을 구하고, 구한 값을 나타내어 보세요.

42 × 2 =

24 × 4 =

57 × 6 =

성냥개비 숫자 다섯 개를 모두 사용해 아래 두 식을 완성해 보세요.

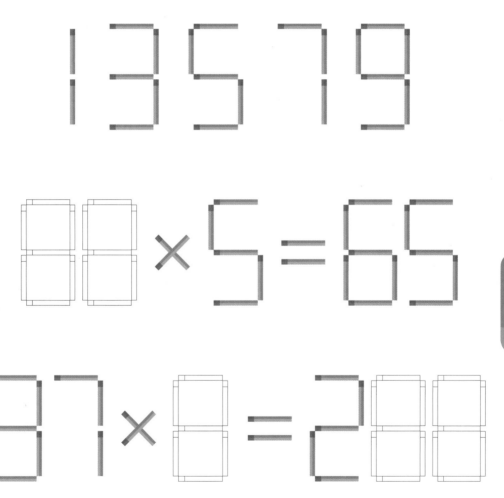

올바른 식 만들기 ① | 수와 연산 |

성냥개비 1개를 더해서 올바른 식을 만들고, 식을 써 보세요.

$$2 \times 5 = 12$$

 _____

$$6 \times 4 = 32$$

 _____

$$19 \times 2 = 36$$

→ _____

정답 ≫ 98쪽

$$15 \times 3 = 225$$

→ _____

올바른 식 만들기 ② | 수와 연산 |

성냥개비 1개를 빼서 올바른 식을 만들고, 식을 써 보세요.

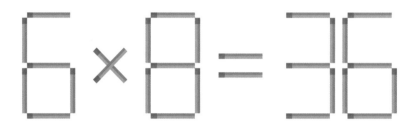

 →

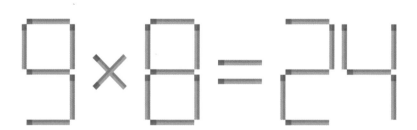

 →

28×3=87

→ _____

47×9=235

→ _____

올바른 식 만들기 ③ | 수와 연산 |

성냥개비 1개를 움직여 올바른 식을 만들고, 식을 써 보세요.

$$4 \times 5 = 38$$

_____

_____

성냥개비 2개를 움직여 올바른 식을 만들고, 식을 써 보세요.

$4 \times 9 = 78$

→ _____

$38 \times 2 = 84$

→ _____

정답 ≫ 99쪽

Unit
07

규칙 찾기

| 규칙성 |

규칙을 찾고 필요한 **성냥개비의 개수**를 알아봐요!

삼각형 만들기 | 규칙성 |

일정한 규칙으로 성냥개비를 배열해 도형을 만들었습니다. 네 번째 만들어지는 도형을 나타내고, 필요한 성냥개비의 개수를 구해 보세요.

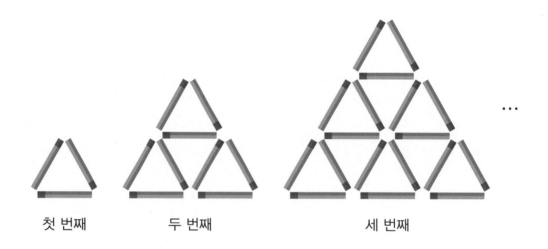

첫 번째   두 번째   세 번째

◉ 네 번째:

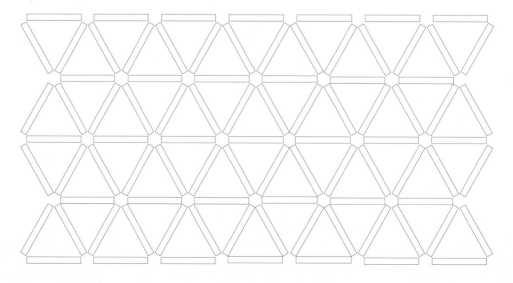

◉ 방법

·첫 번째 삼각형 1개를 만드는 데 필요한 성냥개비는 ☐ 개입
니다.

·각 단계별 필요한 성냥개비의 개수를 식으로 나타내면 다음과 같
습니다.

- 첫 번째: $1 \times \boxed{} = 3$ (개)

- 두 번째: $(1 + \boxed{}) \times \boxed{} = \boxed{}$ (개)

- 세 번째: $(1 + 2 + \boxed{}) \times \boxed{} = \boxed{}$ (개)

- 네 번째: $(1 + 2 + 3 + \boxed{}) \times \boxed{} = \boxed{}$ (개)

◉ 필요한 성냥개비의 개수: ☐ 개

Unit
08

? 다섯 번째 도형을 만들 때 필요한 성냥개비의 개수를 구해 보세요.

정답 ≫ 100쪽

02 사각형 만들기 | 규칙성 |

일정한 규칙으로 성냥개비를 배열해 도형을 만들었습니다. 네 번째 만들어지는 도형을 나타내고, 필요한 성냥개비의 개수를 구해 보세요.

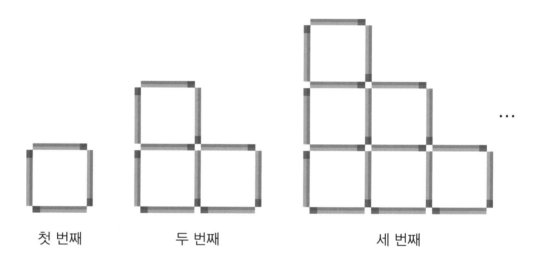

첫 번째   두 번째   세 번째

◉ 네 번째:

◉ 방법

·각 단계의 가로줄과 세로줄에 사용된 성냥개비의 개수의 합은 서로
(같습니다 , 다릅니다).

·가로줄 또는 세로줄에 사용된 성냥개비의 개수를 ⬚ 배 하면 필
요한 성냥개비의 개수를 구할 수 있습니다.

·각 단계별 필요한 성냥개비의 개수를 식으로 나타내면 다음과 같
습니다.

- 첫 번째: $(1 + 1) \times \boxed{} = 4$ (개)

- 두 번째: $(1 + 2 + \boxed{}) \times \boxed{} = \boxed{}$ (개)

- 세 번째:

- 네 번째:

◉ 필요한 성냥개비의 개수: $\boxed{}$ 개

(?) 여섯 번째 도형을 만들 때 필요한 성냥개비의 개수를 구해 보세요.

정답 ◉ 100쪽

Unit
08

03 오각형 만들기 | 규칙성 |

일정한 규칙으로 성냥개비를 배열해 도형을 만들었습니다. 다섯 번째 도형을 만들 때 필요한 성냥개비의 개수를 구해 보세요.

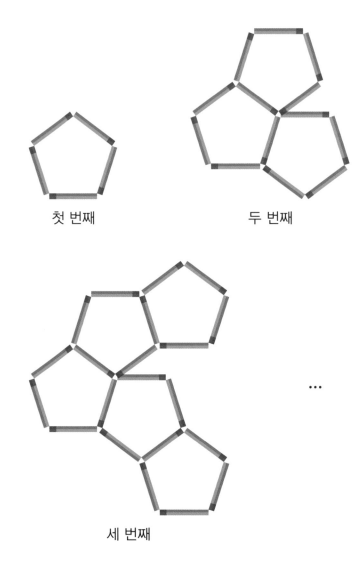

첫 번째   두 번째

...

세 번째

◉ 방법

· 두 번째 도형부터 필요한 성냥개비가 ☐ 개씩 많아집니다.

· 각 단계별 필요한 성냥개비의 개수를 식으로 나타내면 다음과 같습니다.

- 첫 번째:

- 두 번째:

- 세 번째:

- 네 번째:

- 다섯 번째:

◉ 필요한 성냥개비의 개수: ☐ 개

? 일곱 번째 도형을 만들 때 필요한 성냥개비의 개수를 구해 보세요.

정답 ≫ 101쪽

육각형 만들기 | 규칙성 |

일정한 규칙으로 성냥개비를 배열해 도형을 만들었습니다. 여섯 번째 도형을 만들 때 필요한 성냥개비의 개수를 구해 보세요.

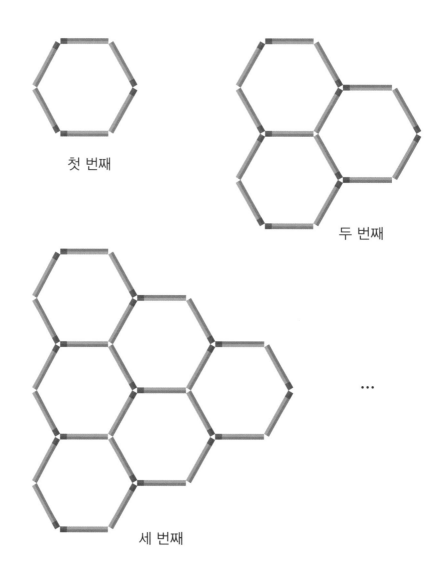

첫 번째

두 번째

세 번째

...

◉ 방법

·각 단계별로 성냥개비를 ☐ 개씩 묶어 셉니다.

·각 단계별 필요한 성냥개비의 개수를 식으로 나타내면 다음과 같

습니다.

- 첫 번째:

- 두 번째:

- 세 번째:

- 네 번째:

- 다섯 번째:

- 여섯 번째:

◉ 필요한 성냥개비의 개수: ☐ 개

? 열 번째 도형을 만들 때 필요한 성냥개비의 개수를 구해 보세요.

정답 ≫ 101쪽

정답

확인해 볼까요?

모양 바꾸기 | 도형 |

Unit 01 (01) 모양을 바꾸는 방법 | 도형 |

성냥개비 3개를 움직여 왼쪽을 바라보고 있는 물고기가 오른쪽을 바라보도록 모양을 바꾸었습니다. 성냥개비를 움직인 방법을 설명해 보세요.

- 먼저 물고기의 머리 부분을 어디로 할지 생각해
  ⑧ 번 성냥개비를 ㉠의 위치로 옮깁니다.

- 물고기의 머리를 기준으로 지느러미가 놓일 곳을 생각해
  ⑥ 번 성냥개비를 ㉡의 위치로 옮깁니다.

- 마지막으로 물고기의 꼬리가 놓일 곳을 생각해
  ② 번 성냥개비를 ㉢의 위치로 옮깁니다.

→ 움직인 성냥개비는 ② , ⑥ , ⑧ 번이고,
움직이지 않은 성냥개비는 ① , ③ , ④ , ⑤ ,
⑦ 번입니다.

6 성냥개비 퍼즐

정답 | 86쪽

01 모양 바꾸기 7

Unit 01 (02) 집 모양 바꾸기 | 도형 |

성냥개비 1개를 움직여 집이 2개가 되도록 만들어 보세요.

성냥개비 2개를 움직여 집의 방향을 바꾸어 보세요.

8 성냥개비 퍼즐

정답 | 86쪽

01 모양 바꾸기 9

Unit 01 **03** 의자 모양 바꾸기 | 도형 |

성냥개비 2개를 움직여 왼쪽을 바라보는 의자를 만들어 보세요.

성냥개비 2개를 움직여 똑바로 놓인 의자를 만들어 보세요.

(단, 여러 가지 답이 나올 수 있습니다.)

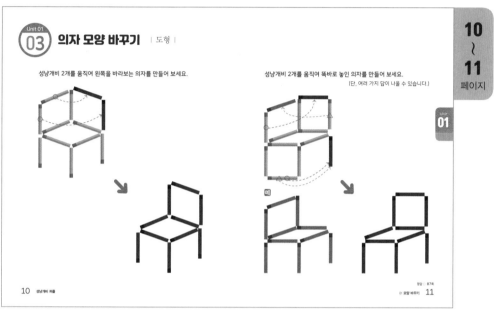

10 성냥개비 퍼즐

정답: 87쪽

(가) 모양 바꾸기 11

Unit 01 **04** 컵 모양 바꾸기 | 도형 |

성냥개비 2개를 움직여 컵 안의 딸기를 바깥으로 꺼내 보세요.

(단, 컵의 모양은 똑같아야 합니다.)

성냥개비 4개를 움직여 2개의 컵 안에 각각 딸기가 1개씩 놓이도록 만들어 보세요. (단, 컵의 모양은 똑같아야 합니다.)

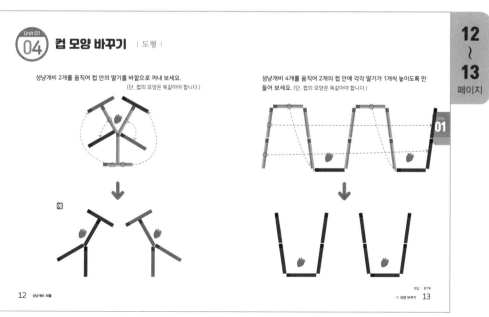

12 성냥개비 퍼즐

정답: 87쪽

(가) 모양 바꾸기 13

16
~
17
페이지

Unit 02 01 성냥개비 숫자 | 수와 연산 |

안쌤 Tip
수의 크기를 비교할 때에는 '>, <'를 이용해 나타내고,
크기가 같을 때에는 '='를 이용해 나타내요.

아래와 같은 모양의 0부터 9까지의 디지털 숫자를 성냥개비로 만들려
고 합니다. 표의 빈칸을 알맞게 채워 보세요.

주어진 개수의 성냥개비를 모두 사용해 알맞은 식을 만들어 보세요.

숫자	0	1	2	3	4
성냥개비의 개수	6	2	5	5	4
숫자	5	6	7	8	9
성냥개비의 개수	5	6	3	7	6

◉ 성냥개비 5개

2 < 3

◉ 성냥개비 6개

6 > 0

◉ 성냥개비 7개

1 + 4 = 5

16 성냥개비 퍼즐

정답 88쪽

02 성냥개비 수 17

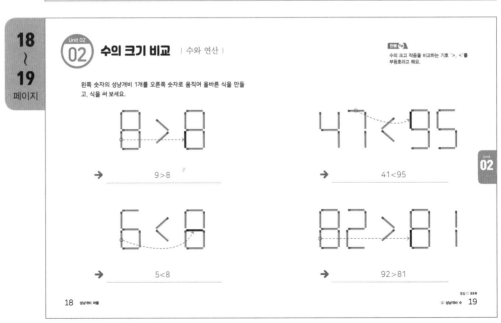

18
~
19
페이지

Unit 02 02 수의 크기 비교 | 수와 연산 |

안쌤 Tip
수의 크고 작음을 비교하는 기호 '>, <'를
부등호라고 해요.

왼쪽 숫자의 성냥개비 1개를 오른쪽 숫자로 움직여 올바른 식을 만들
고, 식을 써 보세요.

8 > 8

→ 9>8

6 < 8

→ 5<8

47 < 95

→ 41<95

82 > 81

→ 92>81

18 성냥개비 퍼즐

정답 88쪽

02 성냥개비 수 19

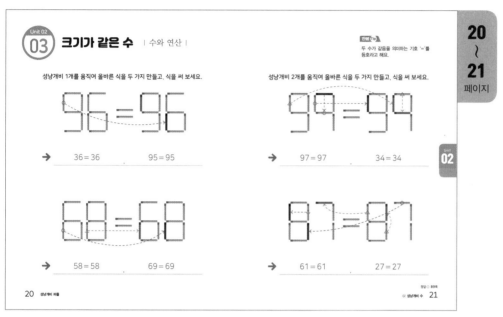

Unit 02 03 크기가 같은 수 | 수와 연산 |

안쌤 Tip
두 수가 같음을 의미하는 기호 '='를 등호라고 해요.

성냥개비 1개를 움직여 올바른 식을 두 가지 만들고, 식을 써 보세요.

96 = 96

→ 36 = 36 　　 95 = 95

68 = 68

→ 58 = 58 　　 69 = 69

성냥개비 2개를 움직여 올바른 식을 두 가지 만들고, 식을 써 보세요.

99 = 99

→ 97 = 97 　　 34 = 34

87 = 87

→ 61 = 61 　　 27 = 27

20 성냥개비 퍼즐

정답 89쪽

성냥개비 수 21

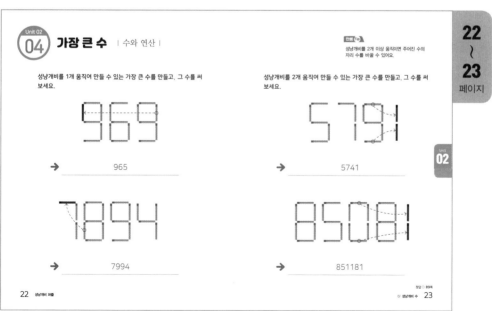

Unit 02 04 가장 큰 수 | 수와 연산 |

안쌤 Tip
성냥개비를 2개 이상 움직이면 주어진 수의 자리 수를 바꿀 수 있어요.

성냥개비를 1개 움직여 만들 수 있는 가장 큰 수를 만들고, 그 수를 써 보세요.

969

→ 965

7894

→ 7994

성냥개비를 2개 움직여 만들 수 있는 가장 큰 수를 만들고, 그 수를 써 보세요.

5791

→ 5741

85081

→ 851181

22 성냥개비 퍼즐

정답 89쪽

성냥개비 수 23

03

덧셈과 뺄셈 | 수와 연산 |

26 ~ 27 페이지

Unit 03 01 덧셈과 뺄셈 | 수와 연산 |

성냥개비로 만든 숫자 세 개를 한 번씩만 사용해 알맞은 식을 완성해 보세요. (단, 여러 가지 답이 나올 수 있습니다.)

2 3 4

예 $2 + 3 + 4 = 9$

예 $3 + 2 - 4 = 1$

예 $4 - 2 + 3 = 5$

성냥개비로 만든 식이 덧셈식이면 뺄셈식으로, 뺄셈식이면 덧셈식으로 나타내어 보세요. (단, 식을 이루고 있는 세 수를 이용합니다.)

$76 + 18 = 94$

$94 - 76 = 18$ $94 - 18 = 76$

$90 - 34 = 56$

$34 + 56 = 90$ $56 + 34 = 90$

26 성냥개비 퍼즐

정답 ⊙ 90쪽
03 덧셈과 뺄셈 27

28 ~ 29 페이지

Unit 03 02 올바른 식 만들기 ① | 수와 연산 |

성냥개비 1개를 움직여 올바른 식을 만들고, 식을 써 보세요.
(단, 여러 가지 답이 나올 수 있습니다.)

$9 + 3 = 6$

→ 예 $3 + 3 = 6$ 또는 $9 - 3 = 6$

$9 + 2 = 7$

→ 예 $9 - 2 = 7$ 또는 $5 + 2 = 7$

$8 - 8 = 0$

→ 예 $6 - 6 = 0$ 또는 $9 - 9 = 0$

$8 + 2 = 8$

→ $6 + 2 = 8$

28 성냥개비 퍼즐

정답 ⊙ 90쪽
03 덧셈과 뺄셈 29

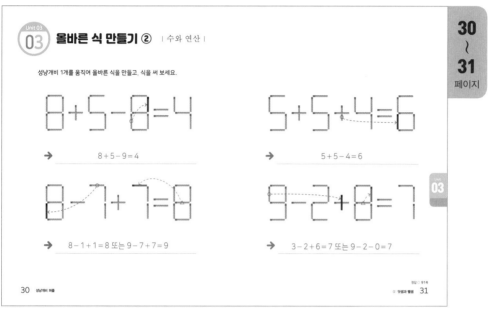

Unit 03 **03** 올바른 식 만들기 ② | 수와 연산 |

성냥개비 1개를 움직여 올바른 식을 만들고, 식을 써 보세요.

→ $8 + 5 - 9 = 4$

→ $5 + 5 - 4 = 6$

→ $8 - 1 + 1 = 8$ 또는 $9 - 7 + 7 = 9$

→ $3 - 2 + 6 = 7$ 또는 $9 - 2 - 0 = 7$

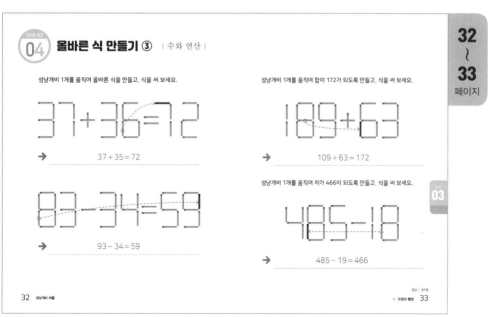

Unit 03 **04** 올바른 식 만들기 ③ | 수와 연산 |

성냥개비 1개를 움직여 올바른 식을 만들고, 식을 써 보세요.

→ $37 + 35 = 72$

→ $93 - 34 = 59$

성냥개비 1개를 움직여 합이 172가 되도록 만들고, 식을 써 보세요.

→ $109 + 63 = 172$

성냥개비 1개를 움직여 차가 466이 되도록 만들고, 식을 써 보세요.

→ $485 - 19 = 466$

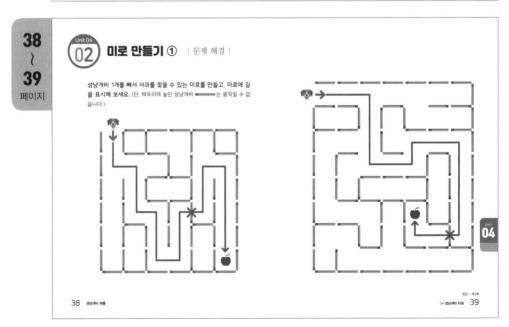

성냥개비 미로 | 문제 해결 |

Unit 04
03 미로 만들기 ② | 문제 해결 |

성냥개비 2개를 빼서 바나나를 찾을 수 있는 미로를 만들고, 미로에 길을 표시해 보세요. (단, 테두리에 놓인 성냥개비 ▬▬는 움직일 수 없습니다.)

40 ~ 41 페이지

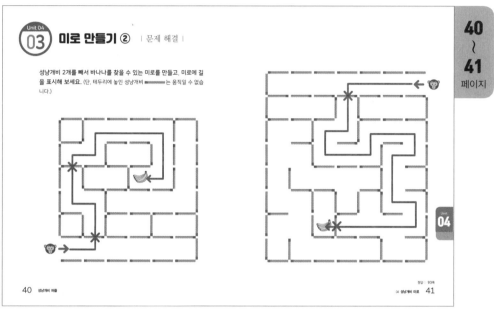

Unit 04
04 미로 만들기 ③ | 문제 해결 |

성냥개비 3개를 빼서 복숭아를 찾을 수 있는 미로를 만들고, 미로에 길을 표시해 보세요. (단, 테두리에 놓인 성냥개비 ▬▬는 움직일 수 없습니다.)

42 ~ 43 페이지

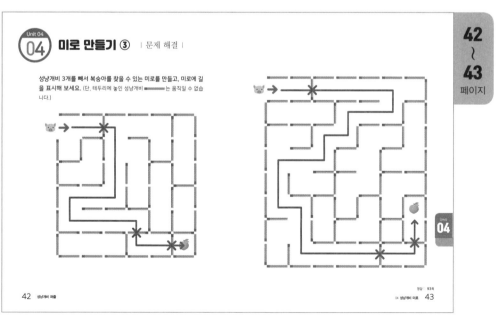

Unit
05 로마수 | 수와 연산 |

46 ~ 47 페이지

Unit 05 01 로마수와 식 | 수와 연산 |

Tip
로마수는 보통 큰 수부터 왼쪽에 쓰고 모두 합해 읽어요. 단, 작은 수가 왼쪽에 있을 때에는 큰 수에서 작은 수를 빼면 돼요.

로마수는 다음과 같은 7개의 기본 기호를 여러 개 나열해 수를 나타냅니다.

기호	I	V	X	L	C	D	M
수	1	5	10	50	100	500	1000

성냥개비로 만든 로마수의 값을 빈칸에 써넣어 보세요.

II [2] III [3]

IV [4] VI [6]

XX [20] XL [40]

로마 식의 계산 값을 로마수로 나타내 보세요.

VI + V = [X I]

XX − XI = [IX]

XV + VII = [X X II]

XIX − V = [X IV]

정답 ◎ 94쪽

48 ~ 49 페이지

Unit 05 02 올바른 식 만들기 ① | 수와 연산 |

성냥개비 1개를 더해서 올바른 식을 만들고, 로마수로 식을 써 보세요.

X + IV = XIV

→ X + IV = X IV

XII + III = XV

→ X II + III = X V

성냥개비 1개를 빼서 올바른 식을 만들고, 로마수로 식을 써 보세요.

VI + V = I

→ VI − V = I

XII − III = VIII

→ X I − III = VIII

정답 ◎ 94쪽

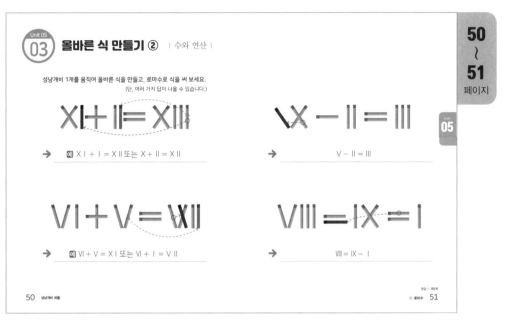

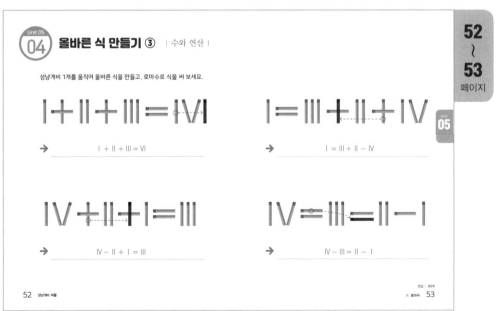

Unit 05 (03) 올바른 식 만들기 ② | 수와 연산 |

성냥개비 1개를 움직여 올바른 식을 만들고, 로마수로 식을 써 보세요.
(단, 여러 가지 답이 나올 수 있습니다.)

➡ **예** X I + I = X II 또는 X + II = X II

➡ V − II = III

➡ **예** VI + V = X I 또는 VI + I = V II

➡ VIII = IX − I

정답: 95쪽
(주) 로마수 51

Unit 05 (04) 올바른 식 만들기 ③ | 수와 연산 |

성냥개비 1개를 움직여 올바른 식을 만들고, 로마수로 식을 써 보세요.

➡ I + II + III = VI

➡ I = III + II − IV

➡ IV − II + I = III

➡ IV − III = II − I

정답: 95쪽
(주) 로마수 53

정답 95

06 Unit

모양 만들기 | 도형 |

56 ~ 57 페이지

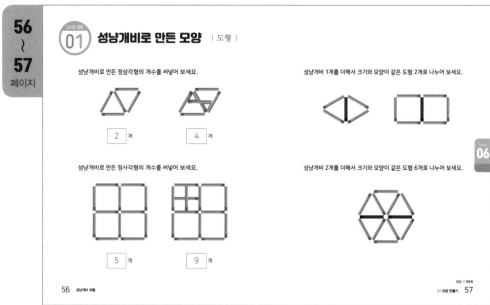

Unit 06 01 성냥개비로 만든 모양 | 도형 |

성냥개비로 만든 정삼각형의 개수를 써넣어 보세요.

2 개   4 개

성냥개비로 만든 정사각형의 개수를 써넣어 보세요.

5 개   9 개

성냥개비 1개를 더해서 크기와 모양이 같은 도형 2개로 나누어 보세요.

성냥개비 2개를 더해서 크기와 모양이 같은 도형 6개로 나누어 보세요.

58 ~ 59 페이지

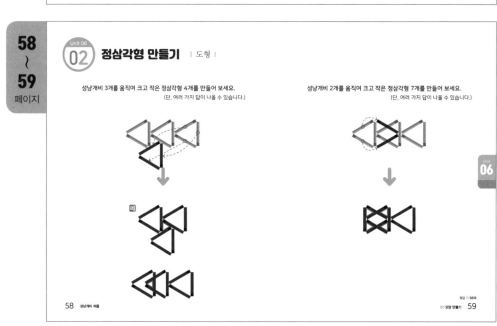

Unit 06 02 정삼각형 만들기 | 도형 |

성냥개비 3개를 움직여 크고 작은 정삼각형 4개를 만들어 보세요.
(단, 여러 가지 답이 나올 수 있습니다.)

예

성냥개비 2개를 움직여 크고 작은 정삼각형 7개를 만들어 보세요.
(단, 여러 가지 답이 나올 수 있습니다.)

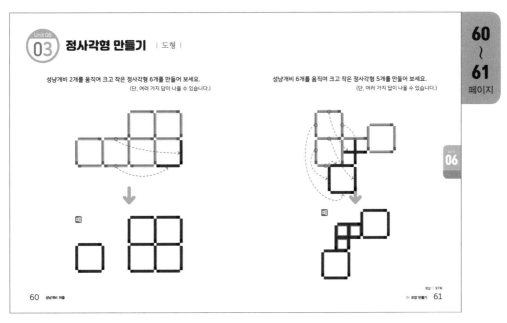

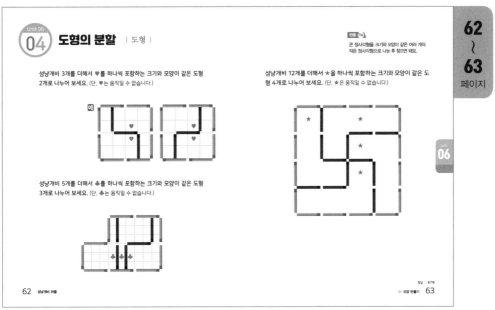

07 Unit

곱셈 | 수와 연산 |

66
~
67
페이지

Unit 07 01 (몇십몇)×(몇) | 수와 연산 |

두 수의 곱을 구하고, 구한 값을 나타내어 보세요.

$42 \times 2 = 84$

$24 \times 4 = 96$

$57 \times 6 = 342$

성냥개비 숫자 다섯 개를 모두 사용해 아래 두 식을 완성해 보세요.

13579

$13 \times 5 = 65$

$37 \times 7 = 259$

정답 ⊙ 98쪽

07

68
~
69
페이지

Unit 07 02 올바른 식 만들기 ① | 수와 연산 |

성냥개비 1개를 더해서 올바른 식을 만들고, 식을 써 보세요.

$2 \times 6 = 12$

→   2 × 6 = 12

$18 \times 2 = 38$

→   18 × 2 = 36 또는 19 × 2 = 38

$8 \times 4 = 32$

→   8 × 4 = 32

$75 \times 3 = 225$

→   75 × 3 = 225

07

정답 ⊙ 98쪽

Unit 07
03 올바른 식 만들기 ② | 수와 연산 |

성냥개비 1개를 빼서 올바른 식을 만들고, 식을 써 보세요.

→ $6 \times 6 = 36$

→ $29 \times 3 = 87$

→ $3 \times 8 = 24$

→ $47 \times 5 = 235$

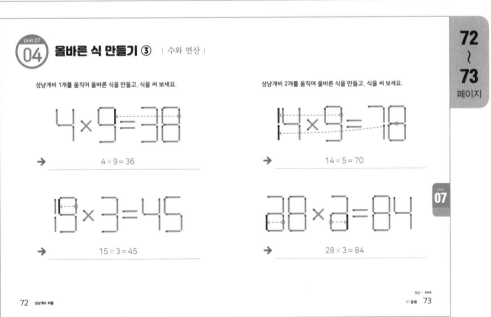

Unit 07
04 올바른 식 만들기 ③ | 수와 연산 |

성냥개비 1개를 움직여 올바른 식을 만들고, 식을 써 보세요.

→ $4 \times 9 = 36$

→ $15 \times 3 = 45$

성냥개비 2개를 움직여 올바른 식을 만들고, 식을 써 보세요.

→ $14 \times 5 = 70$

→ $28 \times 3 = 84$

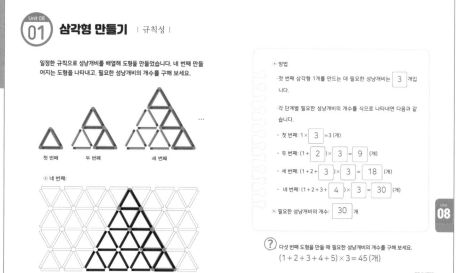

08 규칙 찾기 | 규칙성 |

Unit 08 01 삼각형 만들기 | 규칙성 |

일정한 규칙으로 성냥개비를 배열해 도형을 만들었습니다. 네 번째 만들어지는 도형을 나타내고, 필요한 성냥개비의 개수를 구해 보세요.

첫 번째　　두 번째　　세 번째　　…

⊙ 네 번째:

76 성냥개비 퍼즐

• 방법

· 첫 번째 삼각형 1개를 만드는 데 필요한 성냥개비는 3 개입니다.

· 각 단계별 필요한 성냥개비의 개수를 식으로 나타내면 다음과 같습니다.

- 첫 번째: $1 \times$ 3 $= 3$ (개)

- 두 번째: $(1 +$ 2 $) \times$ 3 $=$ 9 (개)

- 세 번째: $(1 + 2 +$ 3 $) \times$ 3 $=$ 18 (개)

- 네 번째: $(1 + 2 + 3 +$ 4 $) \times$ 3 $=$ 30 (개)

· 필요한 성냥개비의 개수: 30 개

08

(?) 다섯 번째 도형을 만들 때 필요한 성냥개비의 개수를 구해 보세요.
$(1 + 2 + 3 + 4 + 5) \times 3 = 45$ (개)

정답 ◑ 100쪽

08 규칙 찾기 77

Unit 08 02 사각형 만들기 | 규칙성 |

일정한 규칙으로 성냥개비를 배열해 도형을 만들었습니다. 네 번째 만들어지는 도형을 나타내고, 필요한 성냥개비의 개수를 구해 보세요.

첫 번째　　두 번째　　세 번째　　…

⊙ 네 번째:

78 성냥개비 퍼즐

• 방법

· 각 단계의 가로줄과 세로줄에 사용된 성냥개비의 개수의 합은 서로 (같습니다), 다릅니다.

· 가로줄 또는 세로줄에 사용된 성냥개비의 개수를 2 배 하면 필요한 성냥개비의 개수를 구할 수 있습니다.

· 각 단계별 필요한 성냥개비의 개수를 식으로 나타내면 다음과 같습니다.

- 첫 번째: $(1 + 1) \times$ 2 $= 4$ (개)

- 두 번째: $(1 + 2 +$ 2 $) \times$ 2 $=$ 10 (개)

- 세 번째: $(1 + 2 + 3 + 3) \times 2 = 18$ (개)

- 네 번째: $(1 + 2 + 3 + 4 + 4) \times 2 = 28$ (개)

· 필요한 성냥개비의 개수: 28 개

08

(?) 여섯 번째 도형을 만들 때 필요한 성냥개비의 개수를 구해 보세요.
$(1 + 2 + 3 + 4 + 5 + 6 + 6) \times 2 = 54$ (개)

정답 ◑ 100쪽

08 규칙 찾기 79

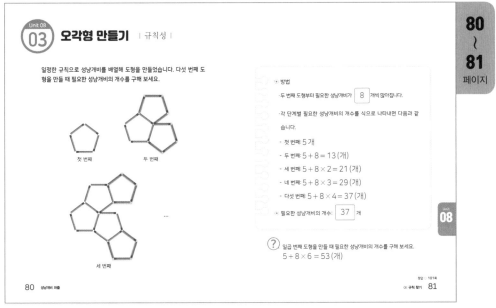

Unit 08

03 오각형 만들기 | 규칙성 |

일정한 규칙으로 성냥개비를 배열해 도형을 만들었습니다. 다섯 번째 도형을 만들 때 필요한 성냥개비의 개수를 구해 보세요.

첫 번째

두 번째

세 번째

...

▸ 방법

· 두 번째 도형부터 필요한 성냥개비가 8 개씩 많아집니다.

· 각 단계별 필요한 성냥개비의 개수를 식으로 나타내면 다음과 같습니다.

- 첫 번째: 5 개
- 두 번째: $5 + 8 = 13$ (개)
- 세 번째: $5 + 8 \times 2 = 21$ (개)
- 네 번째: $5 + 8 \times 3 = 29$ (개)
- 다섯 번째: $5 + 8 \times 4 = 37$ (개)

· 필요한 성냥개비의 개수: 37 개

08

? 일곱 번째 도형을 만들 때 필요한 성냥개비의 개수를 구해 보세요.
$5 + 8 \times 6 = 53$ (개)

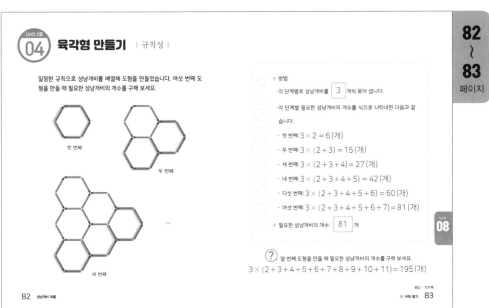

Unit 08

04 육각형 만들기 | 규칙성 |

일정한 규칙으로 성냥개비를 배열해 도형을 만들었습니다. 여섯 번째 도형을 만들 때 필요한 성냥개비의 개수를 구해 보세요.

첫 번째

두 번째

세 번째

...

▸ 방법

· 각 단계별로 성냥개비를 3 개씩 묶어 셉니다.

· 각 단계별 필요한 성냥개비의 개수를 식으로 나타내면 다음과 같습니다.

- 첫 번째: $3 \times 2 = 6$ (개)
- 두 번째: $3 \times (2 + 3) = 15$ (개)
- 세 번째: $3 \times (2 + 3 + 4) = 27$ (개)
- 네 번째: $3 \times (2 + 3 + 4 + 5) = 42$ (개)
- 다섯 번째: $3 \times (2 + 3 + 4 + 5 + 6) = 60$ (개)
- 여섯 번째: $3 \times (2 + 3 + 4 + 5 + 6 + 7) = 81$ (개)

· 필요한 성냥개비의 개수: 81 개

08

? 열 번째 도형을 만들 때 필요한 성냥개비의 개수를 구해 보세요.
$3 \times (2 + 3 + 4 + 5 + 6 + 7 + 8 + 9 + 10 + 11) = 195$ (개)

SD에듀와 함께 꿈을 키워요!

www.sdedu.co.kr

안쌤의 사고력 수학 퍼즐 성냥개비 퍼즐

초 판 2 쇄	2024년 07월 05일 (인쇄 2024년 05월 22일)
초 판 발 행	2022년 08월 05일 (인쇄 2022년 06월 29일)
발 행 인	박영일
책 임 편 집	이해욱
편 저	안쌤 영재교육연구소
편 집 진 행	이미림
표 지 디 자 인	조혜령
편 집 디 자 인	홍영란
발 행 처	(주)시대교육
공 급 처	(주)시대고시기획
출 판 등 록	제 10-1521호
주 소	서울시 마포구 큰우물로 75 [도화동 538 성지 B/D] 9F
전 화	1600-3600
팩 스	02-701-8823
홈 페 이 지	www.sdedu.co.kr
I S B N	979-11-383-2680-3 (63410)
정 가	12,000원

'(주)시대교육'은 종합교육그룹 '(주)시대고시기획·시대교육'의 학습 브랜드입니다.

SD에듀가 준비한
특별한 학생을 위한
최상의 학습
시리즈

안쌤의 사고력 수학 퍼즐 시리즈

①
- 14가지 교구를 활용한 퍼즐 형태의 신개념 학습서
- 집중력, 두뇌 회전력, 수학 사고력 동시 향상

안쌤의 STEAM+창의사고력
수학 100제, 과학 100제 시리즈

②
- 영재교육원 기출문제
- 창의사고력 실력다지기 100제
- 초등 1~6학년

안쌤과 함께하는
영재교육원 면접 특강

⑧
- 영재교육원 면접의 이해와 전략
- 각 분야별 면접 문항
- 영재교육 전문가들의 연습문제

스스로 평가하고 준비하는! 대학부설·교육청
영재교육원 봉투모의고사 시리즈

- 영재교육원 집중 대비·실전 모의고사 3회분
- 면접 가이드 수록
- 초등 3~6학년, 중등

⑦

코딩·SW·AI 이해에 꼭 필요한 초등 코딩 사고력 수학 시리즈

③

- 초등 SW 교육과정 완벽 반영
- 수학을 기반으로 한 SW 융합 학습서
- 초등 컴퓨팅 사고력 + 수학 사고력 동시 향상
- 초등 1~6학년, SW영재교육원 대비

④

안쌤의 수·과학 융합 특강

- 초등 교과와 연계된 24가지 주제 수록
- 수학 사고력 + 과학 탐구력 + 융합 사고력 동시 향상

※도서의 이미지와 구성은 변경될 수 있습니다.

안쌤의 신박한 과학 탐구보고서 시리즈

⑤

- 모든 실험 영상 QR 수록
- 한 가지 주제에 대한 다양한 탐구보고서

영재성검사 창의적 문제해결력 모의고사 시리즈

⑥

- 영재교육원 기출문제
- 영재성검사 모의고사 4회분
- 초등 3~6학년, 중등 1~2학년

SD에듀만의 영재교육원 면접
SOLUTION

1 "영재교육원 AI 면접 온라인 프로그램 무료 체험 쿠폰"

도서를 구매한 분들께 드리는
특별한 혜택

Coupon

쿠폰번호
YHJ - **66134** - **15199**
유효기간: ~2025년 6월 30일

01 도서의 쿠폰번호를 확인합니다.

02 WIN시대로[https://www.winsidaero.com]에 접속합니다.

03 홈페이지 오른쪽 상단 영재교육원  AI 면접 배너를 클릭합니다.

04 회원가입 후 로그인하여 [쿠폰 등록]을 클릭합니다.

05 쿠폰번호를 정확히 입력합니다.

06 쿠폰 등록을 완료한 후, [주문 내역]에서 이용권을 사용하여 면접을 실시합니다.

※ 무료 쿠폰으로 응시한 면접에는 별도의 리포트가 제공되지 않습니다.

2 "영재교육원 AI 면접 온라인 프로그램"

01 WIN시대로[https://www.winsidaero.com]에 접속합니다.

02 홈페이지 오른쪽 상단 영재교육원  AI 면접 배너를 클릭합니다.

03 회원가입 후 로그인하여 [상품 목록]을 클릭합니다.

04 학습자에게 꼭 맞는 다양한 상품을 확인할 수 있습니다.

 **KakaoTalk 안쌤 영재교육연구소**

안쌤 영재교육연구소에서 준비한 더 많은 면접 대비 상품
(동영상 강의 & 1:1 면접 온라인 컨설팅)을 만나고 싶다면
안쌤 영재교육연구소 카카오톡에 상담해 보세요.

 www.winsidaero.com